CONSTELACIONES PARA NIÑOS

¡LA FORMA MÁS DIVERTIDA DE APRENDER SOBRE LAS ESTRELLAS, DESCUBRIR LA MAGIA DEL SISTEMA SOLAR Y OBSERVAR LOS ASTROS COMO UN ASTRÓNOMO!

ANIELA PUBLICATIONS

ÍNDICE

CAPÍTULO 1
¡BIENVENIDO AL ASOMBROSO MUNDO DE LAS CONSTELACIONES!

¿Alguna vez has mirado al cielo por las noches y te has imaginado lo que podría haber ahí fuera? No eres el único. La gente se lo lleva preguntando desde hace miles de años. La tecnología, como los telescopios y los transbordadores espaciales, es bastante reciente, así que antes de que pudiéramos investigar realmente el espacio, las personas se inventaban historias sobre lo que creían que había ahí arriba.

Algunos veían héroes y monstruos formados por estrellas y contaban historias sobre ellos. Hoy podemos ver esas mismas imágenes porque en el espacio nada cambia muy deprisa. Este libro te va a contar todo sobre las cosas maravillosas que flotan por encima de tu cabeza y te enseñará a encontrar algunos de los planetas y estrellas especiales desde la ventana de tu habitación.

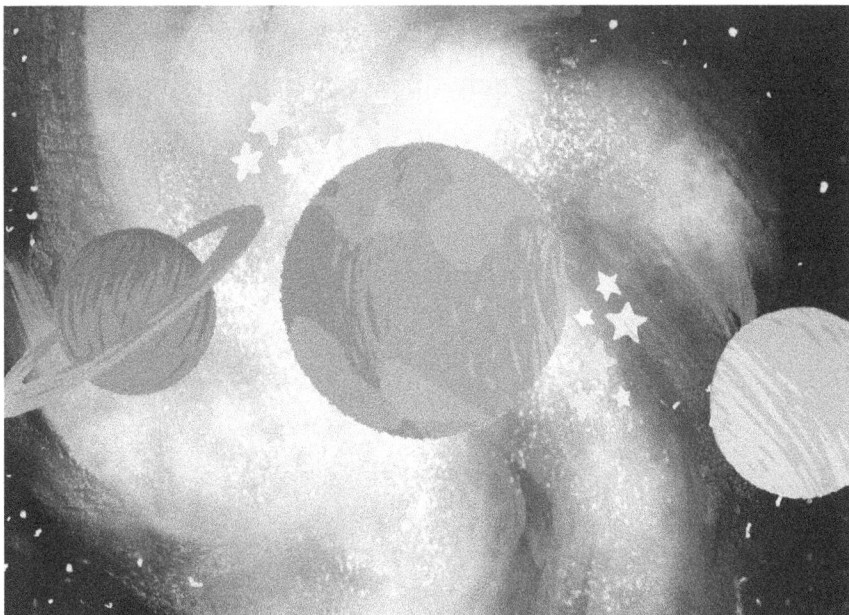

EL UNIVERSO ASOMBROSO

El universo es un lugar realmente inmenso. Tiene que serlo porque todo lo que existe está dentro de él. Nuestro planeta Tierra es sólo una pequeñísima parte de él. El universo incluye todo el espacio, con todas las estrellas, lunas y planetas, y sólo podemos ver los que están más cerca de nosotros. ¿Sabías que el universo sigue creciendo? Crece tan deprisa que nadie podrá llegar nunca hasta sus límites.

Dentro del universo hay miles de millones de galaxias formadas por estrellas, polvo y planetas. En el universo hay más estrellas que cualquier otra cosa. ¿Sabías que hay más estrellas que granos de arena en todas las playas de la Tierra? Las estrellas han fascinado a la humanidad desde hace miles de años. Los antiguos griegos creían que si pedías un deseo a una estrella fugaz, éste se hacía realidad. ¿Has pedido alguna vez un deseo a una estrella?

¿QUÉ ES UNA CONSTELACIÓN?

Una constelación es un grupo de estrellas que forman un patrón. Los astrónomos utilizaban líneas imaginarias para unir estrellas y formar figuras, personas y animales. A menudo, estas constelaciones recibían el nombre de personajes de cuentos y leyendas como Hércules, Pegaso y Orión. Puede que no hayas oído hablar de estas historias, pero eran muy famosas para los antiguos griegos y romanos. La constelación más grande se llama Hidra y parece una larga serpiente marina nadando por el cielo.

Existen 88 constelaciones oficialmente reconocidas y pueden verse desde cualquier parte del mundo. Algunas constelaciones tienen patrones más pequeños en su interior llamados asterismos. El asterismo más famoso es el Carro, que forma parte de una constelación llamada la Osa Mayor.

LAS CONSTELACIONES EN LAS DISTINTAS CULTURAS

¿Sabías que los exploradores han encontrado pinturas rupestres que muestran imágenes de las estrellas? Esto demuestra que incluso los hombres de las cavernas utilizaban su imaginación cuando pensaban en el espacio y en lo que podían ver allí arriba. Lo más sorprendente es que personas de distintos países observaban las estrellas y veían patrones muy similares.

Existe una constelación a la que los antiguos griegos llamaban Orión. Los griegos inventaron una historia sobre Orión, persiguiendo a siete hermanas. En Australia, los aborígenes veían estas mismas estrellas y también contaban la historia de un hombre que perseguía a siete hermanas, pero lo llamaban Baiame.

CAPÍTULO 2
¿SABÍAS QUE LAS ESTRELLAS SE VEN DE FORMA DIFERENTE SEGÚN EL PAÍS?

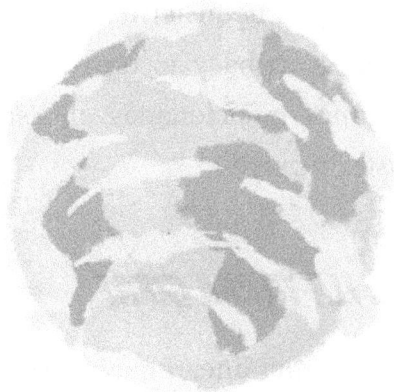

Si te paras frente a tu casa, verás una vista de la puerta principal y el porche, y si te paras en la parte de atrás, verás otra vista de la parte trasera de la casa. Lo mismo ocurre con las estrellas.

Como la Tierra es redonda, es imposible que personas situadas en diferentes partes de ella, vean las mismas estrellas al mismo tiempo. Hay algunas estrellas que se pueden ver desde Canadá y que nunca se verán desde Australia.

UNA LÍNEA ALREDEDOR DE LA TIERRA

La Tierra está dividida en dos mitades por una línea imaginaria que la rodea por el centro. Esta línea, parecida a un cinturón, se llama ecuador. Todos los países y océanos situados por encima del ecuador, se encuentran en el hemisferio norte. Todos los países y océanos situados por debajo del ecuador pertenecen al hemisferio sur.

El hemisferio norte y el hemisferio sur nunca se intercambian. Uno siempre está arriba y el otro siempre está abajo. Todas las constelaciones mencionadas en este libro podrán verse desde el hemisferio norte.

AGÁRRATE FUERTE: ¡LA TIERRA GIRA!

La Tierra también tiene una línea imaginaria llamada eje que pasa directamente por el centro. Imagina que atraviesas una naranja con un lápiz. Así sería el eje de la Tierra si pudiéramos verlo. Arriba está el Polo Norte y abajo el Polo Sur.

Este eje es importante porque la Tierra gira a su alrededor. Así es como tenemos la noche y el día. Es de día cuando estás de cara al sol y de noche cuando estás de espaldas al sol. A medida que la Tierra gira alrededor de su eje, puedes ver diferentes estrellas y las constelaciones aparecerán en diferentes lugares del cielo. Saber dónde deben estar en cada época del año es lo que ha ayudado a los exploradores a encontrar su camino.

¿QUÉ MÁS HAY EN NUESTRO SISTEMA SOLAR?

EL SOL

El Sol es nuestra estrella más cercana, pero aun así está a 147 millones de kilómetros. Nos proporciona toda nuestra luz y calor, y si no tuviéramos el Sol, no podríamos sobrevivir. Puede parecer muy pequeño en el cielo, ¡pero el Sol es tan grande que en su interior cabrían un millón de réplicas de la Tierra!

Ya hemos dicho que la Tierra gira alrededor de su eje, pero ¿sabías que también gira alrededor del Sol? El camino que recorre se llama órbita, y la Tierra tarda un año en dar la vuelta completa al Sol y volver al punto de partida. La órbita de la Tierra no es un círculo perfecto; a veces, está más cerca del sol, y a veces está un poco más lejos. Por eso tenemos estaciones de verano e invierno y por eso varía la temperatura de la Tierra.

LA LUNA

La Luna orbita alrededor de la Tierra igual que ésta última orbita alrededor del Sol. La Luna tarda 28 días en dar la vuelta completa a la Tierra. La nuestra es una entre las más de 200 lunas de nuestro sistema solar. Algunos planetas tienen más de una luna. Júpiter, el planeta más grande, tiene 80 lunas.

La Luna se puede ver por la noche, pero no emite luz propia como las estrellas. En cambio, podemos ver la Luna porque la luz del Sol brilla sobre ella y la Luna refleja esta luz hacia la Tierra. A lo largo de un mes, la Luna parece ir cambiando de forma, pasando de luna llena a luna creciente y viceversa, pero en realidad se trata de la sombra de la Tierra que se interpone en el camino de la luz solar hacia la luna.

La Luna está a unos 384.400 kilómetros de la Tierra, lo que no parece estar muy cerca, pero sí lo suficiente como para sentir su gravedad. La gravedad de la Luna atrae las cosas hacia ella. No es lo suficientemente fuerte como para mover todo el planeta Tierra, pero sí provoca olas en el océano y hace que las mareas suban o bajen.

LOS PLANETAS

En nuestro sistema solar hay ocho planetas, y todos orbitan alrededor del mismo sol. El planeta más cercano al Sol se llama Mercurio. Le siguen Venus, la Tierra, Marte, Júpiter, Saturno, Urano y Neptuno. Todos los planetas llevan nombres de dioses romanos, excepto el nuestro. Algunos planetas están formados por rocas, como la Tierra, y otros son bolas de gas.

Al igual que en la Luna, la luz se refleja en los planetas y algunos pueden verse desde la Tierra, ¡incluso sin telescopio! Los planetas que podemos ver son Mercurio, Venus, Marte, Júpiter y Saturno.

ESTRELLAS FUGACES

Ver una estrella fugaz puede ser realmente emocionante. Los antiguos pensaban que eran señales de que los dioses escuchaban sus plegarias. Gracias a las investigaciones de los científicos, ahora sabemos que las estrellas fugaces no son estrellas en absoluto. Se trata de meteoritos, pequeños fragmentos de polvo o roca. Cuando entran en contacto con la atmósfera terrestre, se calientan y empiezan a brillar. A veces se pueden ver lluvias de meteoritos que pueden durar días o semanas, y habrá miles de estrellas fugaces en el cielo. La mejor lluvia de meteoritos es la de las Perseidas, que tiene lugar todos los años en agosto. ¡Se puede ver un meteoro por minuto!

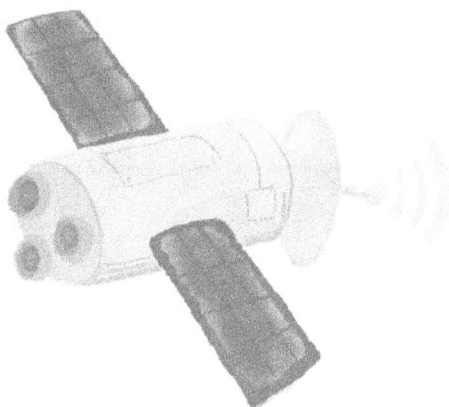

SATÉLITES

No todo lo que se encuentra en el espacio es natural. El ser humano ha enviado un montón de artefactos al espacio. Si ves una estrella que se mueve lentamente en el cielo, probablemente sea un satélite. Los satélites son máquinas electrónicas que orbitan alrededor de la Tierra. Los utilizamos para enviar mensajes a todo el mundo, hacer fotos de la Tierra y consultar el estado del clima.

¿Tus padres tienen un sistema GPS en el coche o en sus teléfonos? Hay más de 30 satélites que se utilizan para ayudar a las personas a navegar por las carreteras. Así que la próxima vez que veas que te mueves en un mapa, ¡sabrás que es un mensaje enviado desde el espacio!

CAPÍTULO 3
NUESTRA GALAXIA, LA VÍA LÁCTEA

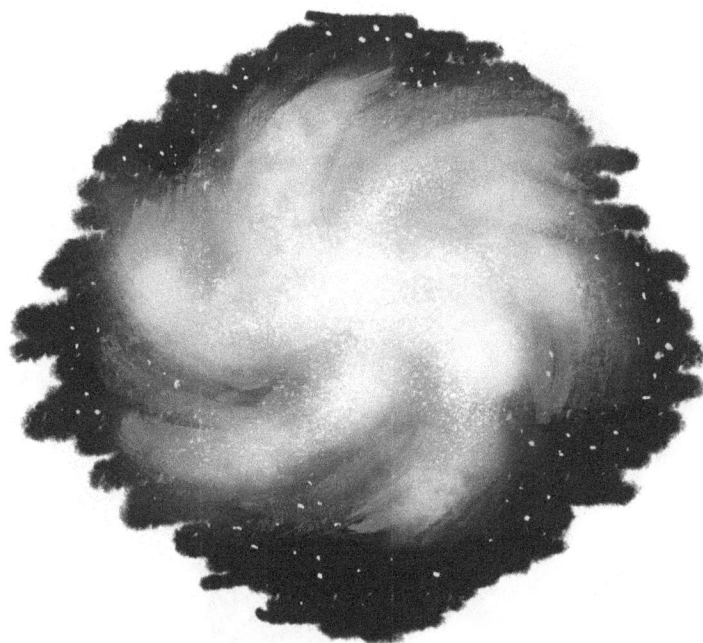

Nuestro sistema solar forma parte de una galaxia llamada Vía Láctea. ¿Sabes cómo obtuvo su nombre? Los astrónomos romanos miraron al cielo y vieron una raya blanca que parecía que alguien había derramado leche sobre las estrellas, así que la llamaron Vía Láctea (Milky Way, en inglés). La Vía Láctea alberga cientos de miles de millones de estrellas y sus planetas. Todo lo que puedes ver en el cielo forma parte de nuestra galaxia. Existen miles de millones de galaxias en el universo, ¡pero la nuestra es la única que comparte su nombre con una tableta de chocolate!

LA OBSERVACIÓN DE ESTRELLAS Y EL SISTEMA SOLAR: ¡MARAVÍLLATE CON EL CIELO NOCTURNO!

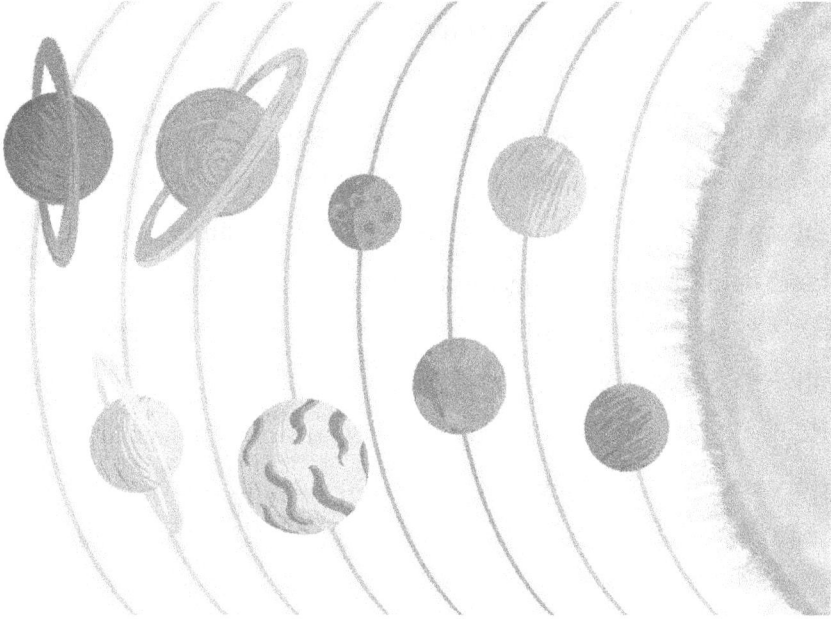

BIENVENIDOS AL SISTEMA SOLAR

Nuestro Sistema Solar está compuesto por todo lo que orbita alrededor de nuestro Sol y por todas las estrellas, cometas y asteroides que se mantienen en su lugar gracias a su gravedad. Por eso se llama Sistema Solar, porque todo gira en torno al sol.

CONOCE LOS PLANETAS

Mercurio es el planeta más cercano al Sol. También es el planeta más pequeño del sistema solar -cerca de un tercio de grande que la Tierra. Los días en Mercurio son muy, muy calurosos, pero las noches son extremadamente frías. Mercurio no tiene lunas, pero se parece mucho a la nuestra, porque su superficie está cubierta de cráteres.

Venus es el segundo planeta a partir del Sol. Gira sobre su eje muy lentamente, lo que significa que un día en Venus dura el equivalente a 243 días en la Tierra. Es decir, ¡casi 6.000 horas! La superficie de Venus está cubierta de volcanes inactivos y su cielo está lleno de nubes amarillas.

La Tierra es el único planeta de nuestro sistema solar que alberga vida. Los demás planetas son demasiado calientes o demasiado fríos. Los científicos llevan años buscando señales de vida en otros planetas, pero aún no han encontrado nada. ¡Los extraterrestres deben de ser muy buenos jugando al escondite!

Marte es conocido como el "planeta rojo" porque está cubierto de polvo de hierro de óxido. Tiene volcanes como Venus, pero están inactivos y ya no funcionan. Marte tiene dos lunas llamadas Fobos y Deimos. Puede que no haya extraterrestres en Marte, ¡pero hay muchos robots! Esto se debe a que los científicos llevan enviándolos a investigar Marte desde 1965.

Júpiter es el mayor planeta de nuestro sistema solar. A veces se le denomina gigante gaseoso porque está formado casi en su totalidad por gas. Su superficie es muy ventosa y está plagado de tormentas. Una de estas tormentas forma una mancha roja arremolinada que parece que fuera el ojo del planeta. Esto hace de Júpiter uno de los planetas más fácilmente reconocibles.

Saturno, otro gigante gaseoso, es el planeta del Sistema Solar con más lunas: ¡82! También está rodeado de anillos formados por rocas y hielo. Estos anillos son muy hermosos y hacen de Saturno el planeta más singular. Puedes ver los anillos de Saturno desde la Tierra si utilizas un telescopio.

Urano también tiene anillos, pero son mucho más finos y menos brillantes que los de Saturno. Urano es un gigante de hielo porque es tan frío que algunos de los gases de su atmósfera se han congelado. Urano es el único planeta que gira sobre sí mismo de lado, como si estuviese recostado. Los científicos creen que esto se debe a que fue golpeado por otro planeta y volcado.

Neptuno es el planeta más lejano de nuestro sistema solar y otro gigante de hielo. Su color azul brillante se debe al tipo de gases que contiene su atmósfera. Neptuno está tan lejos que sólo una nave espacial ha conseguido alcanzarlo. Esta distancia dificulta que sepamos tanto sobre Neptuno como sobre los demás planetas más cercanos. Esto significa que los científicos aún tienen mucho por descubrir.

¿NO TIENES TELESCOPIO? ¡NO HAY PROBLEMA!

Hay muchas cosas que puedes ver en el cielo nocturno sin ningún equipo especial. De hecho, los primeros astrónomos no tenían ningún instrumento especial que les ayudara. Sólo tenían sus ojos para ver y sus manos para medir distancias.

Lo más fácil de ver por la noche es la Luna, porque es el objeto más brillante y el más próximo. Al principio de la noche, estará hacia el este. Como la Tierra gira, la luna parece moverse por el cielo, así que a medida que se vaya haciendo más tarde, la luna se moverá por encima de ti y empezará a ponerse por el oeste.

El segundo objeto más brillante del cielo es el planeta Venus. También podrás ver Mercurio, Marte, Júpiter y Saturno. Marte es fácil de ver porque tiene un aspecto un poco rojo, y Saturno se ve un poco amarillo.

También puedes ver miles de estrellas en el cielo, y no necesitarás un telescopio para encontrar las constelaciones. En los próximos capítulos descubrirás dónde están, qué aspecto tienen y cómo encontrarlas.

Una de las cosas más emocionantes que puedes ver sin telescopio es la Estación Espacial Internacional. En ella viven los astronautas cuando están en el espacio. Puedes verla moviéndose en el cielo justo después de la puesta del sol. La luz del sol se refleja en los paneles solares de la estación espacial y la convierte en el tercer objeto más brillante del cielo nocturno. Para saber cuándo volverá a pasar la Estación Espacial Internacional cerca de ti, visita la página spotthestation.nasa.gov.

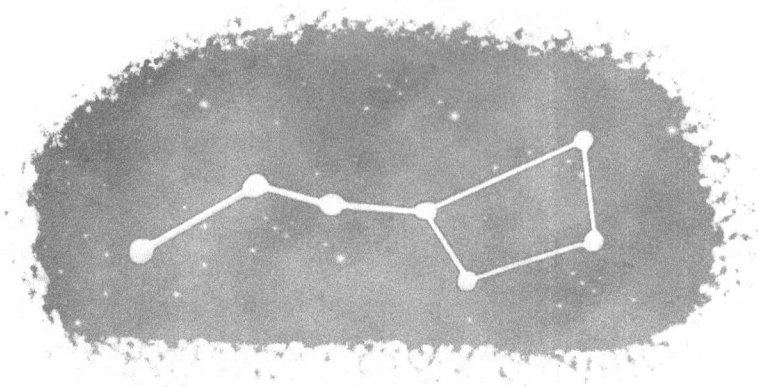

LA OSA MAYOR

También conocida como el Arado o el carro, la Osa Mayor es uno de los patrones más fáciles de encontrar en el cielo nocturno. Se parece un poco a una sartén o cacerola y está formada por siete estrellas: cuatro en "el cuenco" y tres en "el mango". La estrella más brillante de la Osa Mayor es más de 100 veces más brillante que nuestro Sol, pero se encuentra muy lejos. Cerca de ella se encuentra la Osa Menor, una versión más pequeña que tiene casi la misma forma.

Los marineros solían utilizar la Osa Mayor para navegar por la noche porque apunta hacia la Estrella Polar, también llamada Estrella del Norte. Busca las dos estrellas situadas al final del "cuenco" y traza una línea imaginaria que las atraviese. Sigue esa línea y encontrarás una estrella muy brillante al final del mango de la Osa Menor. Estas dos estrellas se llaman estrellas puntero porque apuntan a la Estrella Polar. Otro nombre para la Osa Mayor es Ursa Mayor, y otro nombre para la Osa Menor es Ursa Minor.

LA LEYENDA SOBRE LA OSA MAYOR Y LA OSA MENOR

Este relato épico comienza con Calisto, una mujer humana a la que Hera, la esposa de Zeus, no veía con buenos ojos. Hera convirtió a la pobre Calisto en un gran oso pardo. Calisto no pudo volver a casa con su familia y tuvo que vivir en el bosque. Calisto tenía un hijo y lo echaba mucho de menos. Un día, su hijo fue a cazar al bosque y Calisto lo vio desde lejos. Esto la hizo tan feliz que corrió hacia él para darle un fuerte abrazo, ¡pero su hijo pensó que era un oso cualquiera que venía a atacarle! Por lo que alzó su lanza, dispuesto a atacar al temible oso.

Zeus observaba todo esto desde el cielo y decidió ayudar. Recogió a Calisto y a su hijo y los llevó a las estrellas, donde siempre podrían estar juntos. Calisto es la Osa Mayor, y su hijo, es la Osa Menor.

UN CONSEJO PRÁCTICO DE LOS ASTRÓNOMOS

Los astrónomos utilizan una medida llamada grados para mostrar la distancia a la que se encuentran distintos objetos en el espacio. Tú también puedes utilizarlos con este asombroso truco. Sólo necesitas tu propia mano.

Estira el brazo hacia delante y cierra la mano en un puño. La distancia desde el primer nudillo (no cuentes el pulgar) hasta el cuarto, es de 10 grados. Ahora extiende sólo el pulgar y el meñique. La distancia de punta a punta es de 25 grados. Y si levantas sólo el dedo meñique, su ancho será de 1 grado.

Este práctico truco puede ayudarte a encontrar las estrellas. Pruébalo con la Estrella Polar. Debería estar a 30 grados del extremo de la Osa Mayor. Puedes medirla utilizando la medida de tres puños. ¿Ha funcionado?

POLARIS O LA ESTRELLA POLAR

Polaris es la última estrella de la Osa Menor y la más importante, aparte de nuestro Sol, porque nos ayuda a encontrar el Norte. Los exploradores y navegantes la utilizaban para no perderse. Es la única estrella del cielo que no se mueve. De hecho, todas las demás estrellas parecen girar alrededor de la Estrella Polar.

Polaris tiene unos 70 millones de años, ¡lo que significa que algunos dinosaurios pudieron haberla visto!

CÓMO ENCONTRAR EL NORTE

Ya has aprendido a encontrar la Estrella Polar, pero hay otra forma de saber dónde está el Norte. Puedes utilizar una brújula. Las brújulas tienen una aguja en el centro que siempre apunta hacia el Polo Norte. Sujeta la brújula horizontalmente sobre la palma de tu mano. Gírate para mirar en la dirección en la que apunta la aguja. ¡Felicidades, has encontrado el Norte!

Si no tienes brújula, puedes descargarte una aplicación para smartphone que funciona de la misma manera. Encontrar el norte, te ayudará a saber dónde mirar para encontrar las constelaciones. Si miras hacia el norte, también sabrás que el este está a tu derecha, el oeste a tu izquierda y el sur detrás de ti.

PRIMERAS ESTRELLAS A LOCALIZAR

Puedes utilizar algunas estrellas para ayudarte a encontrar otras. Ésta es otra forma en la que Polaris, la Estrella Polar, te resultará realmente útil. Puedes encontrar muchas constelaciones midiendo un número de grados a partir de Polaris. Sólo tienes que utilizar tu brújula para saber en qué dirección medir.

Ahora ya sabes cómo encontrar la Osa Mayor y la Osa Menor. Recuerda buscarlas en el norte.

Otra constelación fácil de encontrar es Orión. Esta vez tendrás que mirar hacia el sur. Utiliza el método de la mano para medir aproximadamente 30 grados por encima del horizonte y busca tres estrellas brillantes en línea. Estas estrellas forman el Cinturón de Orión. Sus brazos se extienden por encima de este cinturón y sus piernas se sitúan por debajo.

Si mides unos 40 grados al oeste del Cinturón de Orión, encontrarás un grupo de estrellas llamado las Pléyades. Este grupo está formado por unas 3.000 estrellas, todas titilando juntas. Se ven como si alguien hubiera derramado una bolsa de diamantes en el cielo. Las Pléyades, son uno de los cúmulos estelares más cercanos a la Tierra, por eso se ven tan brillantes.

CAPÍTULO 4
CONSTELACIONES PARA LA PRIMAVERA

Como la Tierra siempre se está moviendo alrededor del Sol, no siempre podemos ver las mismas estrellas en el cielo. Igual que cada vez que miras por la ventanilla de tu coche ves cosas diferentes, el paisaje del espacio cambia cada día, pero como la Tierra se mueve en una órbita, siempre volverá al mismo lugar a la misma hora. Los astrónomos han podido crear mapas de las estrellas, de modo que sabremos lo que podemos ver en diferentes épocas del año.

Todas estas constelaciones pueden verse en primavera (¡siempre que no llueva!).

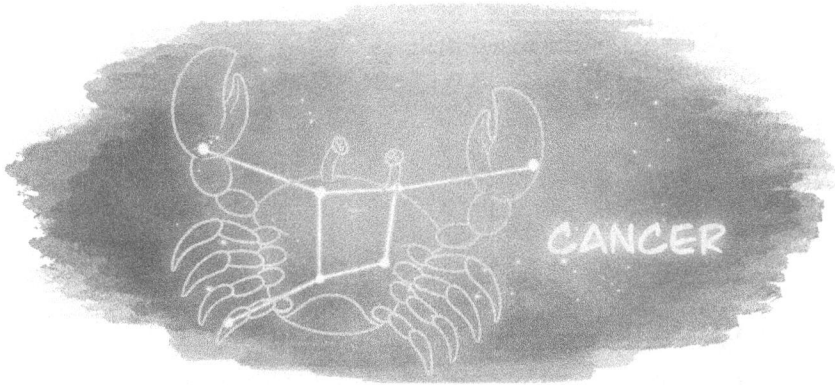

CÁNCER

La mejor época para ver esta constelación de estrellas es entre febrero y mayo. Es una constelación difícil de ver porque sus estrellas no son tan brillantes como otras. Tendrás que recordar cómo se miden los grados con las manos.

Primero, sigue las instrucciones de las páginas siguientes para encontrar la constelación de Leo. Intenta imaginar una línea que recorra la espalda de Leo, empezando por la estrella situada en la parte superior de su cola y uniéndose después a la estrella situada en la base de su melena. Utilizando tus puños para medir 20 grados, sigue dibujando esa línea por debajo de la cabeza de Leo y por delante de él. Deberías encontrar la estrella correcta en el centro del cangrejo.

Otra forma de encontrar Cáncer es utilizando tu brújula. Mira hacia el sur y usa tus puños para medir 50-60 grados hacia arriba desde el horizonte. Dependiendo del mes, puede que tengas que mirar un poco más hacia la izquierda o hacia la derecha. ¡Si combinas ambas técnicas, tendrás grandes posibilidades de localizarlo!

¿Sabías que?

- Cáncer fue registrada por primera vez en el año 2 d.C. por un astrónomo griego llamado Ptolomeo.
- Esta constelación tiene un cúmulo de estrellas en su centro. Llamado Cúmulo de la Colmena, tiene alrededor de 1.000 estrellas y más de 600 millones de años.

LEO

Leo, el león, puede verse rugiendo por la parte oriental del cielo en marzo, y en mayo ya se ha desplazado hacia el sur. La imagen del león se reconoce en el cielo desde hace más de 6.000 años. Es una de las constelaciones más fáciles de ver porque Leo está formada por algunas estrellas muy brillantes.

Para encontrar Leo en el cielo, primero tienes que encontrar la Osa Mayor. Busca las dos estrellas que forman el lado de la Osa Mayor más alejado del asa. Usa tu imaginación para unirlas y dibuja una línea que las atraviese. Mantén esa línea saliendo de la parte inferior de la sartén o cacerola unos 35-40 grados. Recuerda, ¡eso son tres puños y medio o cuatro! Tu línea debería terminar en la punta de la cola de Leo.

También puedes encontrar a Leo utilizando una brújula, pero la dirección a la que mires cambiará dependiendo del mes que sea. En marzo, mira hacia el este y mide 40 grados sobre el horizonte. En abril y mayo, tendrás que medir 60 grados hacia arriba y mirar hacia el sur-sureste.

<u>¿Sabías que?</u>

- La constelación de Leo puede verse tanto desde el hemisferio norte como desde el hemisferio sur.
- Leo alberga 156 estrellas diferentes, pero sólo 13 de ellas tienen nombre oficial. La estrella más brillante se llama Regulus.

LA LEYENDA DE LEO EL LEÓN

Este es un cuento mitológico que la gente contaba hace mucho tiempo sobre la constelación de Leo. La primera tarea encomendada a Hércules tenía que ver con un león en la ciudad griega de Nimea. El león entraba en la ciudad y capturaba a algunos de sus habitantes. Cuando los aldeanos iban a rescatarlos de la cueva del león, éste se los comía a todos. Nadie podía derrotar al león porque su piel era tan gruesa que las espadas y las lanzas rebotaban en ella. Hércules luchó contra el león con sus propias manos, lo derrotó y liberó a los habitantes capturados.

Hera, la esposa de Zeus, se enfadó porque el león no había vencido a Hércules, pero quiso recompensarlo por intentarlo. Puso al león en las estrellas y creó la constelación llamada Leo.

BOÖTES

Hay muchas historias diferentes sobre quién fue Boötes, todas ellas procedentes de la mitología griega. La historia más famosa cuenta que Boötes fue el hombre que inventó el arado, haciendo la agricultura más rápida y fácil y llevando más comida a todos los pueblos. Su imagen se colocó en las estrellas para honrarle por su maravilloso invento.

Si quieres ver a Boötes, tendrás que mirar hacia el este entre abril y mayo, y hacia el sur entre junio y julio. No olvides utilizar una brújula o una aplicación de brújula para asegurarte de que miras en la dirección correcta. En abril, la constelación está a sólo 20 grados sobre el horizonte, pero en los demás meses, tendrás que medir unos 60 grados.

También puedes encontrar Boötes ayudándote de la Osa Mayor. Calcula dónde está el asa de la Osa Mayor y une las estrellas con una línea curva. Sigue esa curva imaginaria otros 30 grados y llegarás a la estrella más brillante de Boötes. Esta estrella se llama Arturo y es como el ombligo de Boötes. Debajo de Arturo, puedes ver dos piernas, y encima está el torso del labrador que tiene forma de cometa.

¿Sabías que?

- La constelación de Boötes contiene 10 estrellas que tienen planetas orbitando a su alrededor.
- Hay una enorme zona del espacio en Boötes llamada el Vacío de Boötes porque parece estar vacía. Contiene 60 galaxias, pero en un área tan grande, se esperaría ver unas 1.000. ¡Faltarían muchísimas galaxias! Muchos astrónomos creen que el vacío de Boötes es espeluznante por su oscuridad. ¿Quizá les preocupa que algo se esté comiendo las estrellas?

VIRGO

La constelación de Virgo es la segunda más grande del cielo. A Virgo se le suele relacionar con la cosecha, incluso su historia está relacionada con la propia diosa griega de la cosecha. Se llamaba Deméter y se encargaba de cuidar que las cosechas crecieran bien y todo el mundo tuviera suficiente para comer. Algunos creen que Virgo no es Deméter, sino su hija Perséfone, que era quien provocaba los cambios de estación. Sea quien sea Virgo, la constelación muestra a una joven que sostiene una espiga de trigo en su mano izquierda para recordar a todo el mundo que ella trae buena salud a las cosechas.

Virgo tiene algunas estrellas de brillo tenue y otras más brillantes, lo que significa que algunas partes de la constelación son más fáciles de ver que otras. Puede que tengas que mirar mucho para verla toda. Si sabes encontrar la Osa Mayor, también deberías ser capaz de encontrar a Virgo.

Empieza de nuevo con la Osa Mayor e imagina una línea

curva que sale desde el mango. Sigue esa línea unos 30 grados -tres puños- hasta que llegues a la brillante estrella de Arturo. Sigue 30 grados más y encontrarás otra estrella muy brillante. Ésta se llama Spica, y es el trigo que sostiene Virgo.

Otra forma de encontrar la constelación de Virgo es utilizando una brújula para encontrar el sureste y medir unos 30 grados por encima del horizonte. Después, busca la estrella brillante de Spica para ayudarte a encontrar el resto de la imagen. Virgo se ve mejor entre abril y junio.

CAPÍTULO 4

<u>¿Sabías que?</u>

- La constelación de Virgo alberga varias galaxias. Una de ellas ha recibido un nombre muy gracioso: ¡la Galaxia del Sombrero! Esto se debe a que tiene forma de sombrero ancho.
- Spica es un tipo de estrella llamada gigante azul. Es más de 12.000 veces más brillante que nuestro Sol, por eso podemos verla desde tan lejos. Deberías ser capaz de ver que parece más azul que algunas de las otras estrellas cercanas, y esta sería una forma de ayudarte a identificarla.

CAPÍTULO 5
CONSTELACIONES PARA EL VERANO

Observar las constelaciones en verano puede ser complicado porque no oscurece hasta mucho más tarde. Por supuesto, las estrellas están ahí incluso de día, pero no podemos verlas debido a la luz del sol. La mejor hora para buscar constelaciones suele ser sobre las 9 de la noche, ¡pero puede que tengas que quedarte despierto hasta más tarde si aún no ha oscurecido lo suficiente!

La buena noticia es que hay un montón de constelaciones para buscar una vez que oscurece. Éstas son las estrellas de verano por las que merece la pena perderse el sueño.

HÉRCULES

Hércules es visible en el cielo nocturno durante cinco meses al año. En mayo y junio, podrás encontrarlo hacia el este. En agosto y septiembre, estará al oeste. Y en julio, está justo encima.

La mejor manera de encontrar a Hércules, es observando primero dos de las estrellas más brillantes del cielo. Una es Arturo, la estrella situada en el centro de Boötes, puedes volver a consultar este libro para recordar cómo encontrarla. La otra estrella se llama Vega. Para encontrar a Vega, tienes que mirar hacia el norte-noreste. Traza una línea recta desde el horizonte hasta el punto situado justo encima de tu cabeza. Vega será la estrella más brillante de esa línea.

Cuando hayas encontrado Vega y Arturo, únelas con una línea imaginaria. Justo en el centro de esa línea debería estar el asterismo Keystone o Piedra Filosofal. Se trata de un rombo de cuatro estrellas que también hace las veces de pantalón corto de Hércules. Deberías poder ver también los brazos y las piernas que forman el resto de la constelación.

Puedes volver a comprobar que estás mirando en el lugar correcto midiendo desde el horizonte con los puños. En mayo y septiembre, mide 3-4 puños. En junio y agosto, mide 5-6 puños. En julio, mide 9 puños.

<u>¿Sabías que?</u>

- Si tienes un telescopio, podrás ver el Gran Cúmulo de Hércules, un grupo circular de un millón de estrellas. Está en el borde del asterismo Keystone, pero aunque tiene tantas estrellas, no es muy brillante.
- Hay 29 planetas en órbita alrededor de las estrellas de Hércules, incluido un gigante gaseoso 8 veces mayor que Júpiter, el planeta más grande de nuestro sistema solar.

LA LEYENDA DE HÉRCULES

La historia de Hércules es una de las más famosas jamás contadas. El padre de Hércules era Zeus, pero su madre era una mujer humana. La esposa de Zeus no estaba contenta con esto, y siempre le hacía cosas malas a Hércules. Hizo que el rey enviara a Hércules a realizar 12 tareas imposibles, con la esperanza de que fuera destruido. Sin embargo, Hércules era muy fuerte y valiente, y completó todas sus tareas. Cuando Hércules murió, Zeus creó una constelación en su honor. La constelación de Hércules lo muestra luchando con el monstruo Hidra, la cual fue su segunda tarea.

LIBRA

En la antigua Grecia, la diosa de la justicia se llamaba Diké y llevaba consigo una balanza. Las utilizaba para equilibrar lo que era justo y equitativo. La constelación de Libra es una imagen de esas balanzas, que recuerdan a todo el mundo que la justicia es importante.

Puedes encontrar a Libra mirando hacia el sur en los meses de mayo, junio y julio. Siempre aparece bastante baja en el horizonte, por lo que tendrás que esperar a que el sol se haya puesto del todo para poder verla. Mira justo por encima del horizonte sur e intenta encontrar una estrella roja brillante. Esta estrella se llama Antares. Se encuentra entre 20 y 30 grados hacia arriba, dependiendo del lugar exacto del mundo en el que te encuentres.

También tendrás que encontrar Spica, también llamada Espiga, la estrella más brillante de Virgo. Una vez localizadas estas dos estrellas, imagina una línea que las una y encontrarás

Libra justo en el centro. Sin embargo, es una de las constelaciones más pequeñas, por lo que es posible que necesites la ayuda de un experto.

Comprueba que estás en el lugar correcto midiendo 30 grados por encima del horizonte. Hay tres estrellas justo encima de Antares que forman una línea parecida al Cinturón de Orión. Libra está justo encima de ellas.

¿Sabías que?

- Libra es la única constelación que da nombre a uno de los 12 signos del zodíaco que no es un ser vivo. Todos los demás son animales o personas.
- Las estrellas de Libra solían formar parte de la constelación de Escorpio. Con el paso de los años, han sido reconocidas como su propia constelación, pero siguen estando muy cerca de Escorpio, y puedes utilizar una constelación para ayudarte a encontrar la otra.

CORONA BOREAL

La constelación de la Corona Boreal es muy pequeña, pero por su forma es muy fácil de ver. Su aspecto es idéntico al del objeto que representa: una corona brillante de joyas. Esta corona fue regalada a una princesa llamada Ariadna. Era el regalo de bodas de su marido, el dios Dionisio. Dionisio quería recordar para siempre ese día tan especial, así que creó una imagen de la corona en el cielo nocturno.

La Corona Boreal se puede ver entre mayo y septiembre. Siempre está cerca de la constelación de Hércules, y puedes encontrarla de forma similar. Busca las estrellas brillantes Vega y Arturo e imagina una línea que las una. A partir de Arturo, mide 20 grados en dirección a Vega y llegarás a otra estrella brillante. Se llama Alphecca y es la estrella más brillante de Corona Boreal. Se encuentra en la parte inferior de la curva de la corona.

También puedes encontrar la Corona Boreal midiendo

desde el horizonte. Esto puede ser complicado porque se mueve mucho, lo cual es extraño, ¡ya que una corona no tiene patas! En mayo, hay que mirar hacia el este y medir 50 grados (cinco puños) desde el horizonte. En junio y julio, hay que mirar más hacia el sur y medir 70 grados (siete puños) desde el horizonte. En agosto y septiembre, debes mirar hacia el oeste y medir al menos 30 grados o tres puños.

¿Sabías que?

- La Corona Boreal solía llamarse simplemente Corona. Hay otra constelación que parece una corona llamada Corona Australis, así que se añadió la segunda palabra porque la gente se confundía. La Corona Boreal es la Corona del Norte, y la Corona Australis es la Corona del Sur.
- La Corona Boreal sólo tiene ocho estrellas en su patrón, y cinco de ellas tienen planetas que las orbitan.

LYRA

Probablemente ya hayas visto Lyra pero no te habías dado cuenta, ya que es la constelación que tiene a Vega en su patrón. Por eso es muy fácil encontrar a Lyra, y puedes buscarla entre los meses de junio y octubre. En realidad, Lyra tiene forma de pececito con cola triangular y cuerpo en paralelogramo.

¿Recuerdas cómo encontrar Vega? Mira hacia el norte-noreste e imagina una línea que una el horizonte con el punto más alto del cielo. Vega será la estrella más brillante de esa línea. Vega es una de las esquinas del triángulo de Lyra, así que si miras a tu alrededor, deberías ser capaz de identificar el resto de la constelación.

Si prefieres encontrar Lyra midiendo, prepara tu brújula o tu aplicación de brújula. En junio y julio, tendrás que mirar hacia el este. En septiembre y octubre, tendrás que mirar hacia el oeste, pero en agosto, deberías encontrar Lyra y Vega justo sobre tu cabeza. El número de grados que tendrás que medir dependerá de cuándo estés mirando. Dado que Lyra se desplaza por encima de nuestras cabezas, su distancia al horizonte cambia rápidamente. En junio y octubre, mide al menos 40 grados hacia arriba, pero en julio y septiembre, tendrás que medir al menos 60 grados.

<u>¿Sabías que?</u>

- Vega, la estrella más brillante de Lyra, fue la primera estrella, aparte de nuestro Sol, que fue fotografiada. Los astrónomos del Observatorio de Harvard lo hicieron en 1850.
- Vega es una estrella muy importante porque solía ser la Estrella del Norte. Debido a que la Tierra gira en un ligero ángulo, la posición del Polo Norte cambia muy, muy lentamente. Con el tiempo, dejó de apuntar a Vega y en su lugar apuntó a Polaris. Vega volverá a ser la Estrella del Norte dentro de unos 13.000 años.

LA LEYENDA DE LYRA, EL ARPA

No todas las constelaciones llevan nombres de animales o personas. Lyra era un arpa que pertenecía al músico griego Orfeo. Orfeo viajó con Jasón en su búsqueda del Vellocino de

Oro y utilizó su arpa para ayudar siempre que pudo. Su música tenía un poder mágico para calmar a los animales enfadados y evitar que fueran peligrosos. Zeus creó la constelación de Lyra con estrellas. Fue su forma de hacer que todo el mundo recordara a Orfeo.

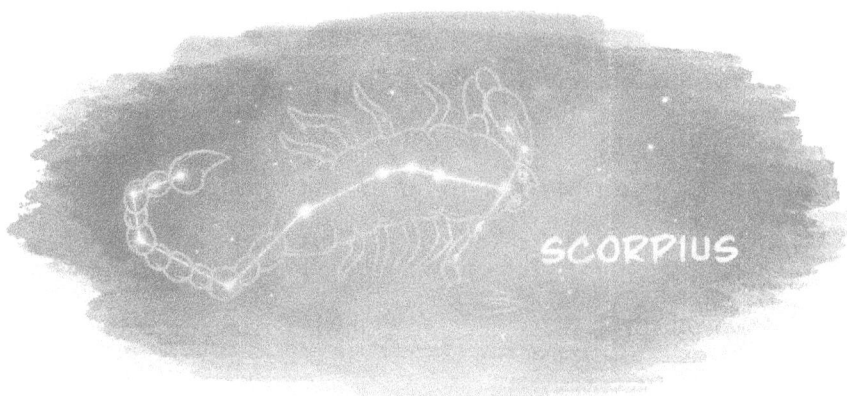

ESCORPIO

Esta constelación es más fácil de ver si vives en el hemisferio sur, pero en verano es posible ver este escorpión asomando por el horizonte. Eso sí, tendrás que esperar hasta bien entrada la noche para verlo (sobre las 22:00). La mejor época para ver Escorpio es en julio, pero también es posible en junio y agosto, sobre todo si vives cerca del ecuador.

Para ver Escorpio, mira hacia el horizonte sur y busca una estrella brillante de color naranja rojizo. Se trata de Antares, la misma estrella que nos ayudó a encontrar Libra. A un lado de Antares hay tres estrellas alineadas. Forman la pinza del escorpión. Al otro lado de Antares hay una forma alargada, parecida a un signo de interrogación. Es la cola venenosa de Escorpio.

<u>¿Sabías que?</u>

- En Hawái, se dice que la cola curvada de Escorpio representa el anzuelo mágico de Maui. Maui es un semidiós que aparece en muchos mitos hawaianos, pero la mayoría de la gente lo conoce ahora por la película Moana.
- Hay quienes dicen que Antares es el rival de Marte, porque los dos se parecen mucho. Es casi imposible distinguirlos cuando aparecen en el cielo al mismo tiempo. Ambas tienen un tinte rojizo y se ven más brillantes que el resto de las estrellas que las rodean.

LA LEYENDA DE ESCORPIO EL ESCORPIÓN

Esta es otra asombrosa leyenda mitológica de una constelación, esta vez de Escorpio el Escorpión. Orión era tan buen cazador que una vez se jactó de que cazaría a todos los animales del mundo. La diosa griega Gea, creadora de la naturaleza, se enfadó mucho con él. Creó a Escorpio, un escorpión gigante, para proteger a sus animales. Escorpio luchó contra Orión y consiguió derrotarlo. Zeus quedó tan impresionado con Escorpio que le dio su propio lugar en el cielo como constelación. Allí permaneció como recordatorio para Orión de que no es buena idea ser vanidoso.

Orión y Escorpio nunca pueden verse en el cielo al mismo tiempo. Los griegos decían que esto se debe a que cuando uno aparece, ahuyenta al otro. Hoy en día sabemos que se debe a que la Tierra gira, y las dos constelaciones se encuentran en lugares diferentes del espacio.

EL CISNE

Más adelante descubrirás cómo el dios griego Zeus se transformó en toro cuando conoció a la princesa Europa. Sin embargo, la constelación de Cygnus o el Cisne, nos habla de otro cuento folclórico en el que Zeus, de nuevo, quería llamar la atención de alguien transformándose en una criatura. Esta vez se convirtió en cisne, y la persona a la que quería llamar la atención se llamaba Leda, la madre de Cástor y Pólux.

El Cisne puede verse volando por el cielo entre julio y octubre. Tendrás que volver a encontrar a Vega, ¡ya debes de ser un experto en esto! Una vez que puedas ver Vega, imagina una línea que la una al horizonte noreste. Mide 25 grados a lo largo de esta línea y pasarás junto a la estrella situada en el extremo de la cola del Cisne. Se llama Deneb, y también forma parte de un asterismo llamado Cruz del Norte. Si extiendes las líneas de la Cruz del Norte, formarás las dos alas y el largo cuello del cisne.

Si vas a buscar en septiembre, podrás ver al Cisne volando justo encima de ti. En julio y agosto, deberás mirar hacia el este y medir entre 40 y 70 grados desde el horizonte, dependiendo de la hora a la que busques. En octubre, deberás mirar hacia el oeste y medir a unos 60 grados del horizonte. El Cisne es una de las constelaciones más fáciles de observar, ya que tiene una cruz distintiva en su centro.

<u>¿Sabías que?</u>

- Si observas las estrellas desde una zona muy oscura, es posible que puedas ver lo que parece una fina nube lechosa debajo del Cisne. Es parte de la Vía Láctea, nuestra asombrosa galaxia.
- Si tienes prismáticos o un telescopio, también podrás ver la Nebulosa de Norteamérica. Es una nube gigante de polvo espacial y parece un tenue resplandor próximo a la estrella Deneb.

AQUILA

Otra ave mitológica de las estrellas, Aquila, es un águila que vuela cerca del Cisne. El águila pertenecía a Zeus y era el único animal, aparte de Pegaso, que podía transportar sus rayos. Zeus también ordenó a Aquila que llevara a un humano llamado Ganímedes al Olimpo, el hogar de los dioses, para que les sirviera y realizara todas sus tareas. Ganímedes acabaría también teniendo su propia constelación, llamada Acuario.

Aquila puede verse en julio, agosto, septiembre y octubre. En julio, empieza utilizando tu brújula o aplicación de brújula para encontrar el este y luego mide tres puños hacia arriba desde el horizonte. En agosto, oriéntate un poco más hacia el sur y mira un poco más arriba: cinco puños esta vez. En septiembre y octubre, tendrás que encontrar el cielo del suroeste y mirar entre cuatro y cinco puños por encima del horizonte.

También puedes encontrar Aquila buscando Vega. Imagina

una línea que vaya entre Vega y la estrella situada en el extremo del paralelogramo de Lyra. Recorre tres puños a lo largo de esta línea, y deberías ver la estrella más brillante a la cabeza de Aquila. Esta estrella se llama Altair, y tiene dos estrellas más tenues a cada lado, que son como pequeñas orejitas.

¿Sabías que?

- Si unes la estrella brillante de Aquila, Altair, con Vega y Deneb, formarás otro asterismo. Este asterismo se llama Triángulo de Verano.
- Aquila es la palabra latina para águila, y Altair viene de una frase árabe que significa "águila voladora". ¡Esta constelación tiene un águila dentro de un águila!

SAGITARIO

Sagitario es otra constelación que se mantiene cerca del horizonte, sin superar nunca los 20 grados. Esto significa que tendrá que estar muy oscuro en el exterior, y es posible que sólo puedas ver una parte de este mítico arquero. La única época para ver Sagitario en el hemisferio norte es de julio a septiembre.

Mira hacia el sur y utiliza los consejos de las páginas anteriores para encontrar Altair. Utiliza tus puños para medir 40 grados desde Altair hasta el horizonte suroeste. Ahora deberías estar cerca de un grupo especial de estrellas en Sagitario: el asterismo de la Tetera. Este asterismo es el pecho y los brazos del arquero cuando retira su arco, listo para disparar hacia el cercano Escorpio.

Si quieres encontrar Sagitario con tu brújula o aplicación de brújula, tienes que encontrarlo orientándote hacia el sur.

Mide entre 10 y 20 grados desde el horizonte y sigue buscando la forma de tetera.

¿Sabías que?

- Aunque se puede ver Sagitario en el hemisferio norte, es más común pensar que es una constelación que forma parte del hemisferio sur. En realidad es la constelación más grande del hemisferio sur, pero sólo la 15ª constelación más grande en general.
- Sagitario se encuentra en el centro de la Vía Láctea. Esto explica por qué hay tantos cúmulos estelares y nebulosas dentro de esta constelación.

64

LA LEYENDA DE SAGITARIO

Esta es otra leyenda legendaria transmitida de generación en generación. Se supone que la constelación de Sagitario representa a Quirón, un arquero de la mitología griega, pero era muy especial porque también era un centauro (una criatura mitológica). Un centauro tiene el cuerpo de un caballo, pero donde debería estar el cuello del caballo está el torso, los brazos y la cabeza de un hombre. Se suponía que los centauros eran muy sabios, y Quirón era el más sabio de todos. Fue maestro de grandes héroes como Hércules, Jasón y Aquiles.

Un día hubo un accidente, y Quirón se puso muy enfermo porque fue envenenado por la Hidra que Hércules derrotó. Aunque Quirón era un experto sanador, no pudo evitar que el veneno lo enfermara. Así que Zeus alzó a Quirón y lo puso en las estrellas, donde podría quedarse para siempre y no volver a enfermar.

CAPÍTULO 6
CONSTELACIONES PARA EL OTOÑO

Cuando los días empiezan a acortarse, dispones de más horas nocturnas para observar el firmamento. Las estrellas que veías en primavera están ahora muy lejos, y un conjunto completamente nuevo de estrellas titila en el cielo.

PEGASO

El poderoso caballo alado es una gran constelación para encontrar. Tiene una forma fácilmente reconocible, que incluye un asterismo en forma de cuadrado. El cuello y la cabeza de Pegaso parten de una esquina de este cuadrado, de una estrella llamada Markab. Las dos patas delanteras salen de otra estrella llamada Scheat. Puedes ver a Pegaso en el cielo desde septiembre hasta diciembre.

Utiliza tu brújula para encontrar el horizonte al este, y mide 30 grados hacia arriba en septiembre y 60 grados hacia arriba en octubre. Deberías poder ver el asterismo del Gran Cuadrado porque las cuatro estrellas de las esquinas son muy brillantes. Si miras en noviembre, recuerda dirigirte hacia el sur en lugar de hacia el este y medir 70 grados hacia arriba. En diciembre, Pegaso se desplaza hacia el oeste y se encuentra a 50 grados hacia arriba.

También puedes encontrar a Pegaso si sabes dónde está la

Estrella Polar. Puedes encontrarla localizando la Osa Mayor y siguiendo las estrellas puntiagudas. Imagina una línea desde el extremo del mango de la Osa Mayor hasta la estrella Polar. Vuelve a medir el doble de distancia y llegarás a un grupo de estrellas que forman una W. Busca la estrella más brillante en el extremo final de esta W y traza otra línea desde la estrella Polar que la atraviese. Esta línea te llevará al Gran Cuadrado de Pegaso.

¿Sabías que?

- Como el Gran Cuadrado es tan fácil de ver, los navegantes y astrónomos lo utilizan para ayudarles a encontrar otras figuras en el espacio.
- El primer planeta descubierto fuera de nuestro sistema solar, orbita alrededor de una estrella de Pegaso.

LA LEYENDA DE PEGASO, EL CABALLO ALADO

Ésta es la fábula del poderoso Pegaso. Pegaso pertenecía a un héroe griego llamado Belerofonte. Juntos vivieron muchas aventuras. Pegaso ayudó a Belerofonte a luchar contra un terrible monstruo llamado Quimera. Era una especie de mezcla parte de león, cabra y serpiente que respiraba fuego.

Pegaso era un caballo muy especial, y no sólo porque

tuviera alas y pudiera volar. Si golpeaba el suelo con la pezuña, salía un chorro de agua, y si Pegaso batía sus alas como nosotros batimos las palmas, emitía el sonido de un trueno. Pegaso era también el único animal que podía transportar los rayos de Zeus sin resultar herido. Zeus solía pedirlo prestado a Belerofonte para que le ayudara, y decidió crear una constelación en honor a Pegaso por ser tan leal y servicial.

CAPRICORNIO

Cuando el filósofo griego Ptolomeo escribió las historias de todas las constelaciones, dijo que Capricornio era la imagen del dios griego Pan. Pan era un hombre con cuernos y patas de cabra. En una de las tantas historias, Pan era perseguido por un monstruo y tuvo que saltar a un río para escapar. Cuando sus piernas se mojaron, se transformaron en la cola de un pez.

La constelación de Capricornio es realmente difícil de ver sólo con los ojos porque las estrellas que la forman son muy tenues. Si quieres vislumbrar al mítico ser mitad cabra mitad pez, tendrás que encontrar un lugar muy oscuro y alejado de la luz artificial. Capricornio es visible entre septiembre y noviembre.

Asegúrate de estar orientado hacia el sur y busca las estrellas brillantes Vega y Altair. Estas estrellas se encuentran en las constelaciones de Lyra y Aquila. Partiendo de Altair, imagina una línea que pase por Vega. Mide tres puños (30 grados) desde Vega, y deberías aterrizar en la constelación de Capricornio.

Otra forma de encontrar Capricornio es midiendo 30 grados hacia arriba desde el horizonte sur. Mira ligeramente hacia el este en septiembre y ligeramente hacia el oeste en octubre.

¿Sabías que?

- La estrella de los cuernos de Capricornio llamada Algedi es en realidad ¡dos estrellas! Estas estrellas orbitan entre sí, y puedes ver las estrellas separadas con unos prismáticos.
- La mayoría de las constelaciones fueron registradas por primera vez por los antiguos griegos, pero Capricornio parece haber sido creada por los babilonios. Se han encontrado reliquias antiguas con dibujos de una cabra con cola de pez que tienen 4.000 años de antigüedad.

ACUARIO

¿Recuerdas a Ganímedes, el joven llevado al Olimpo por el águila Aquila del que hemos hablado antes? Pues es la constelación de Acuario. Cuenta la leyenda que, a cambio de llevar de beber a los dioses y llenar sus copas cuando tenían sed, Ganímedes recibió la promesa de que nunca envejecería. Zeus lo elevó a las estrellas para que siempre estuviera allí.

Puedes intentar localizar esta constelación entre septiembre y noviembre, pero puede que te lleve mucha práctica porque Acuario no tiene estrellas brillantes. Está muy cerca de Capricornio y Piscis, así que puedes ayudarte de estas otras constelaciones.

Al igual que los antiguos astrónomos, puedes utilizar el Gran Cuadrado de Pegaso para ayudarte a encontrar Acuario. Busca la estrella Scheat, que es la esquina del cuadrado con las patas de Pegaso. Traza una línea desde esta estrella hasta Markab, la estrella situada en la base del cuello de Pegaso.

Mantén esa línea pasando por Markab durante 20 grados, y deberías aterrizar en Acuario.

También puedes encontrar Acuario mirando hacia el sur; no olvides utilizar una brújula o una aplicación de brújula para ayudarte. Mide 30 grados hacia arriba desde el horizonte. Mira hacia el sureste en septiembre y hacia el suroeste en noviembre para seguir a Acuario a través del cielo nocturno.

¿Sabías que?

- El nombre Acuario proviene de la palabra latina *aqua*, que significa agua. En las estrellas, Acuario puede verse vertiendo agua de una jarra.
- Acuario es una de las varias constelaciones con temática acuática. Estas se encuentran en una zona del espacio conocida como "El Mar".

CASIOPEA

La fábula de la reina Casiopea contiene dioses griegos y monstruos marinos. La reina Casiopea presumió una vez de ser más bella que las hijas de Poseidón. Poseidón, el dios griego del mar, no estaba muy contento con sus afirmaciones y envió una serpiente marina para atacar su reino. Tras la derrota, Casiopea fue colocada en las estrellas como castigo por ser tan vanidosa. En su constelación, está encadenada a un trono gigante y, durante la mitad del año, tiene que colgar cabeza abajo.

La constelación de Casiopea es una de las pocas constelaciones visibles durante todo el año, pero la mejor época para verla es entre septiembre y febrero. Casiopea está cerca de la Estrella Polar. Busca la Osa Mayor y traza una línea desde las estrellas punteras hasta la Estrella Polar. Mantén la línea durante la misma distancia y aterrizarás en Casiopea. Las cinco estrellas de Casiopea tienen forma de W o de M, dependiendo de la posición en que se encuentre. Las cinco estrellas son muy brillantes, por lo que deberían ser fáciles de ver.

Casiopea se encuentra en las direcciones norte durante los meses de otoño e invierno, por lo que puedes utilizar una brújula para asegurarte de que miras en la dirección correcta. Mira hacia el noreste en septiembre, hacia el norte en noviembre y hacia el noroeste en enero. La constelación sube y baja por encima de nuestras cabezas, por lo que la encontrarás a 30-40 grados de altura en septiembre y febrero, subiendo hasta los 70 grados en noviembre.

¿Sabías que?

- Las cinco estrellas de Casiopea tienen nombres oficiales. Son Segin, Ruchbah, Gamma, Schedar y Caph. Schedar tiene un aspecto anaranjado, mientras que todas las demás parecen blancas.
- La constelación solía llamarse la Silla de Casiopea por el trono al que está atada. El nombre no se cambió hasta 1930.

ARIES

La mitología cuenta que Aries era un carnero especial con un hermoso vellocino de oro. Se le ofreció como tributo a Zeus, y Zeus colocó al carnero entre las estrellas. El vellocino de oro de Aries estaba custodiado por un dragón. El héroe Jasón fue enviado a recuperarlo.

Esta constelación se ve mejor entre octubre y enero, e incluso entonces puede ser difícil de localizar. Busca la estrella más brillante, Hamal, que te ayudará. Aries tiene forma de línea recta con una ligera curva en el extremo, y Hamal está en el centro.

La forma más fácil de encontrar Aries es buscar primero a Casiopea. Busca las dos estrellas llamadas Caph y Shedar. Recuerda que Shedar es fácil de ver porque tiene un tinte amarillo anaranjado. Traza una línea entre las dos y síguela 40 grados más allá de Shedar. Así llegarás a la constelación de Aries.

Encontrar Aries con la brújula es más difícil porque se desplaza mucho de un mes a otro. En octubre, mira hacia el este y mide 30 grados hacia arriba. En noviembre, mira hacia el sureste y mide 70 grados hacia arriba. En diciembre, seguirás midiendo 70 grados hacia arriba, pero esta vez tendrás que asegurarte de que miras hacia el sur. En enero, tendrás que mirar hacia el oeste y medir 50 grados hacia arriba desde el horizonte.

¿Sabías que?

- Aries alberga una galaxia espiral que está a 450 millones de años luz de la Tierra.
- 2.000 años antes de que los griegos le dieran el nombre de Aries, la constelación ya era imaginada con forma de carnero por los astrónomos babilonios.

PISCES

PISCIS

Piscis es la palabra latina para pez, y hay dos peces en esta constelación. La historia cuenta que la constelación representa a dos peces que salvaron a la diosa Afrodita y a su hijo Eros cuando eran perseguidos por un monstruo. Saltaron a un río para escapar y dos peces nadaron hasta allí y les ayudaron a mantenerse a salvo.

Esta es otra constelación difícil de distinguir porque no hay estrellas brillantes en Piscis. La constelación tiene forma de V con una estrella en la punta, que une las colas de los dos peces. Esta estrella se llama Alrescha.

La mejor época para observar Piscis es entre octubre y enero. Puedes utilizar el Gran Cuadrado para ayudarte a encontrar Piscis. Si mides 10 grados al este del Gran Cuadrado, deberías encontrar uno de los peces, y si mides 10 grados al sur, deberías encontrar el otro. Alrescha está a 20 grados al sureste.

En octubre, busca el horizonte hacia el este con tu brújula y mide 30 grados hacia arriba para encontrar Piscis. Haz lo mismo en enero, pero mirando hacia el oeste. En noviembre y diciembre, tendrás que mirar hacia el sur y medir 60-70 grados.

¿Sabías que?

- Piscis se encuentra en la zona del cielo conocida como "El Mar", junto con otras constelaciones de temática acuática como Acuario y Capricornio.
- Trece de las estrellas de Piscis tienen sus propios planetas.

CAPÍTULO 7
CONSTELACIONES PARA EL INVIERNO

El invierno no siempre es la época más fácil para ver constelaciones, lo cual es una pena, ya que algunas sólo son visibles durante estos meses. El mal tiempo suele nublar los cielos y oscurecer las estrellas. Sin embargo, si logras encontrar un día despejado, podrás observar algunas constelaciones magníficas.

TAURO

El toro, Tauro, puede verse arrasando tanto en el hemisferio norte como en el sur, pero en distintas épocas del año. Se ve mejor entre diciembre y marzo mirando hacia el sur.

Tauro está muy cerca de la constelación de Orión. Si trazas una línea imaginaria a través de las estrellas del cinturón de Orión y la sigues 30 grados más hacia el oeste, llegarás a la cabeza del toro. La cabeza es un pequeño triángulo con dos largos cuernos que salen de la parte superior. Si sigues la línea 10 grados más, llegarás a un cúmulo estelar llamado Las Pléyades.

Tauro está más bajo en el cielo en diciembre y marzo, por lo que tendrás que medir 40-50 grados desde el horizonte sur. Mira ligeramente hacia el este en diciembre y enero y hacia el oeste en marzo. En enero y febrero, tendrás que medir entre 60 y 70 grados hacia arriba, ya que las estrellas se elevan más.

. . .

¿Sabías que?

- ¡La constelación de Tauro se dibuja como un toro desde hace más de 10.000 años! Se han encontrado imágenes de esta disposición en pinturas rupestres.
- Tauro y Orión se enfrentan como si estuvieran en una batalla. Esto tiene sentido porque Orión es un gran cazador.

LA LEYENDA DEL TORO TAURO

En esta mágica historia, Zeus se interesó por una princesa humana llamada Europa y quiso que ella también se interesara por él. Como los humanos sólo pueden ver a los dioses cuando están disfrazados, Zeus decidió transformarse en un gigantesco toro blanco. Se acercó a Europa cuando estaba recogiendo flores en la orilla. Europa nunca había visto un toro tan amistoso y se subió al lomo de Zeus. Zeus se zambulló en el mar y nadó hasta la isla de Creta, con Europa sobre su lomo.

Zeus se transformó en hombre y le dijo a Europa quién era. Ella se quedó en la isla y formaron una familia. Como Zeus era un dios, no envejeció, pero Europa sí. Cuando ella murió, Zeus estaba muy triste, así que se transformó en toro una vez más y llevó a Europa a las estrellas, donde se convirtieron en la constelación de Tauro el Toro.

ORIÓN

Orión es una de las constelaciones más famosas y también una de las más fáciles de observar. Su característico cinturón de tres estrellas brillantes permite verla incluso cuando el cielo no está muy oscuro. Aunque Orión se puede ver en muchas épocas del año, la mejor época para observar la constelación es de enero a marzo.

Encontrar Orión con una brújula es bastante fácil. Utilízala para ayudarte a encontrar el horizonte sur y medirlo. En enero, tendrás que mirar ligeramente hacia el este y medir 30 grados. En marzo, mira ligeramente hacia el oeste y mide 40 grados. En febrero, la constelación está en su punto más alto, por lo que tendrás que medir 50 grados.

También puedes encontrar Orión sin medir, debido a lo brillante que es el Cinturón de Orión. Mira hacia el sur y levanta la vista hasta que veas tres estrellas brillantes alineadas.

Los hombros de Orión se elevan desde el cinturón. Busca la estrella brillante llamada Betelgeuse en su axila. Las rodillas de Orión están a la misma distancia por debajo del cinturón, y la estrella brillante de una de sus rodillas es Rigel.

¿Sabías que?

- El Cinturón de Orión es un asterismo reconocido desde hace miles de años. Los antiguos egipcios diseñaron sus pirámides de forma que apuntaran hacia este asterismo.
- Debajo del Cinturón de Orión está la Nebulosa de Orión, pero no se puede ver sin usar un telescopio potente porque está muy lejos.

LA LEYENDA DE ORIÓN

Ésta es la antigua leyenda de Orión, un cazador que vivía con Artemisa, la diosa griega del bosque y los animales salvajes. Orión era un semidiós, y su padre era Poseidón, el dios griego del mar. Orión y Artemisa estaban enamorados y querían casarse, pero el hermano de ella, Apolo, no quería que eso ocurriera. Apolo decidió jugarle una mala pasada a Artemisa. Ella también era muy buena cazadora, y Apolo la retó a disparar una flecha y dar en un pequeño blanco en el lago. El lago estaba muy lejos. Sin embargo, Artemisa tenía una puntería excelente y su flecha dio en el blanco.

Cuando fue a ver qué había alcanzado, se disgustó al ver que era Orión, que había estado nadando en el lago. No queriendo olvidarle, Artemisa puso su imagen en las estrellas, donde aparece con su garrote de caza en alto.

GÉMINIS

Las estrellas que forman las cabezas de los gemelos Cástor y Pólux son brillantes y fáciles de ver, pero para ver el resto de la constelación de Géminis se necesita un cielo muy oscuro, ya que las estrellas son mucho más débiles. La mejor oportunidad para ver a los gemelos celestes es entre enero y abril.

En primer lugar, busca el Cinturón de Orión y las estrellas vecinas Betelgeuse y Rigel. Si imaginas una línea que va desde Betelgeuse hasta Rigel y 30 grados más allá, te encontrarás cerca de dos estrellas bastante brillantes. La más brillante es Pólux y la otra es Cástor.

Si no puedes ver Orión, puedes intentar encontrar Géminis midiendo los grados desde el horizonte. En enero, mira hacia el este y mide 40 grados de altura. En febrero, marzo y abril, tendrás que mirar más o menos hacia el sur y medir unos 60-70 grados de altura. Una vez que hayas localizado las dos estrellas gemelas, deberás buscar dos cuerpos en forma de figura de palo situados en paralelo con las estrellas más brillantes como cabezas.

¿Sabías que?

- Cástor es en realidad todo un sistema de 6 estrellas que están tan juntas que parecen una sola estrella.
- La estrella Cástor tiene un aspecto blanco azulado, y Pólux, amarillo anaranjado. Así es como se pueden distinguir. ¡Puede que los gemelos no sean idénticos después de todo!

LA LEYENDA DE GÉMINIS

La famosa leyenda de Géminis está protagonizada por gemelos idénticos. La constelación de Géminis debe su nombre a Cástor y Pólux, dos hijos gemelos de la reina de Tebas. Eran absolutamente idénticos; sin embargo, el padre de Cástor era el rey y el de Pólux, Zeus. Esto convirtió a Pólux en inmortal, lo que significaba que podía vivir para siempre.

Cástor y Pólux lo hacían todo juntos, incluso vivir aventuras. Ayudaron a un héroe llamado Jasón a encontrar el vellocino de oro del carnero Aries. Los gemelos tenían una hermana llamada Helena, que era la mujer más bella de la Tierra. Un día, Helena fue capturada y llevada a la ciudad de Troya. Sus hermanos lucharon en la guerra para recuperarla, pero Cástor fue derrotado. Pólux no quería seguir viviendo sin su hermano y pidió a Zeus que trajera de vuelta a Cástor.

Ni siquiera Zeus, el rey de los dioses, podía traer de vuelta a alguien derrotado en batalla, pero reunió a los gemelos colocándolos a ambos en el cielo nocturno. La constelación de Géminis se parece a dos hombres de palillos, cada uno con una estrella como cabeza. Una estrella se llama Cástor y la otra Pólux.

CAN MAYOR

Can mayor significa "perro mayor" en latín, y esta constelación representa a uno de los perros de caza de Orión. El Can Mayor puede verse siguiendo a Orión por el cielo. También parece perseguir a otra constelación llamada Lepus, que parece un conejo o una liebre. Can Mayor es una constelación importante porque alberga la estrella más brillante del cielo: Sirio, a veces llamada la "Estrella Perro".

Can Mayor nunca se eleva mucho en el cielo, por lo que es un poco difícil de ver. Sólo puede verse en el hemisferio norte en febrero, marzo y abril.

Orión puede ayudarte a encontrar Can Mayor. Busca el Cinturón de Orión e imagina que unes las tres estrellas. Continúa esa línea hacia el sureste y mide dos puños o 20 grados. Deberías acercarte mucho a Sirio, que se asienta en el cuello de Can Mayor como una etiqueta brillante.

Si miras hacia el sur y mides 3 puños, o 30 grados, desde el horizonte, también encontrarás Can Mayor. Mira un poco hacia el este en febrero y un poco hacia el oeste en abril.

¿Sabías que?

- Sirio sólo parece la estrella más brillante del cielo porque está muy cerca de la Tierra, a sólo 8,6 años luz. En realidad no brilla tanto en comparación con otras estrellas.
- Hay otra constelación "perro" en el cielo llamada Can menor, que significa "perro menor" en latín.

CAPÍTULO 8
¡ACONTECIMIENTOS INCREÍBLES EN EL CIELO!

Ahora que ya sabes cuáles son las mejores épocas del año para ver determinadas constelaciones, quizá también quieras estar atento a otros fenómenos fascinantes que tienen lugar en el espacio.

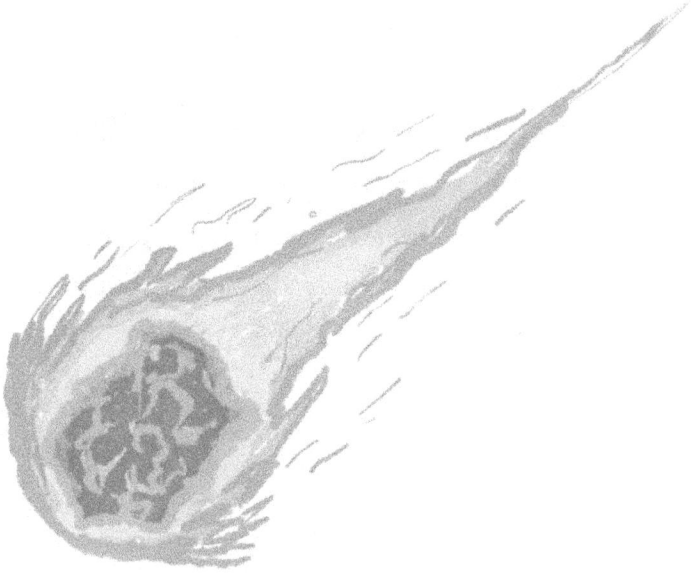

COMETAS

Los cometas orbitan alrededor del Sol al igual que los planetas, pero son mucho más pequeños. Están formados principalmente por hielo, pero también contienen trozos de roca y gas. Al volar por el espacio, desprenden muchos trozos y dejan nubes de polvo espacial. Este polvo aparece como una larga cola difusa que se arrastra detrás de cada cometa. La cabeza del cometa brilla intensamente y la mayoría son fáciles de ver tan sólo con los ojos.

Los cometas tardan mucho más en orbitar alrededor del Sol que nosotros porque están más lejos, incluso más que Neptuno. Algunos cometas tardan cientos de años en completar su órbita. El cometa más famoso es el Halley, que tarda unos 76 años en dar una vuelta alrededor del Sol.

Cuando algunos cometas, como el Halley, pasan cerca de la Tierra, podemos verlos. Esto no ocurre muy a menudo, por lo que es realmente emocionante cuando aparece uno. El cometa Halley no volverá a ser visible desde la Tierra hasta el año 2061, y muchas de las personas que lo vieron en 1986 no volverán a verlo.

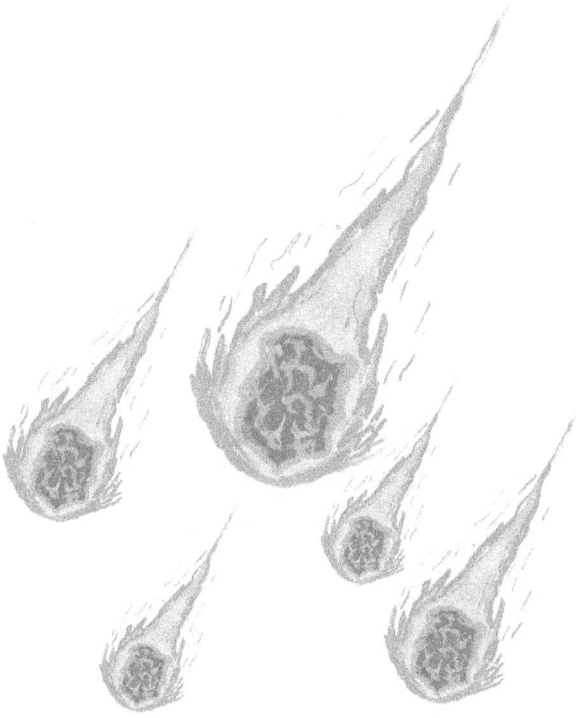

LLUVIAS DE METEORITOS

Ya sabes que los meteoros son pequeños trozos de roca o polvo espacial, pero seguro que no sabías cuántos atraviesan la atmósfera terrestre cada año. Las lluvias de meteoros son como grandes espectáculos pirotécnicos en los que aparecen montones de meteoritos a lo largo de varios días.

Los meteoros son creados por cometas. Cuando la órbita de la Tierra atraviesa una corriente de polvo espacial dejada por un cometa, el polvo y las rocas que entran en la atmósfera se calientan tan rápidamente que arden con fuerza y parecen estrellas fugaces.

Como la Tierra atraviesa las mismas nubes de polvo cada vez que gira alrededor del Sol, los astrónomos son capaces de decir a todo el mundo cuándo se producirán las lluvias de meteoros. Todos los días caen cientos de meteoros sobre la Tierra, incluso cuando no es de noche, pero hay que mirar en el momento exacto para ver uno.

Si quieres ver una lluvia de meteoritos, consulta los mejores días en un sitio web como timeanddate.com. Busca un lugar en el campo, lejos de pueblos o ciudades que emiten mucha luz. Asegúrate de tener una vista despejada del cielo, túmbate sobre algo cómodo y espera.

ÉSTAS SON ALGUNAS LLUVIAS DE METEORITOS FAMOSAS:

- La lluvia de las Cuadrántidas, tiene lugar cada año durante las dos primeras semanas de enero. En su punto álgido, se pueden ver hasta 110 meteoritos por hora. Se originan cerca de la constelación de Bootes, y por eso a veces se las llama las Boótidas.

- Las Líridas comienzan cerca de la constelación de Lyra, y se producen a mediados de abril. Se pueden ver tanto desde el hemisferio norte como desde el hemisferio sur. Eso sí, tendrás que armarte de paciencia porque, incluso en sus mejores días, es probable que no veas más de 18 meteoros por hora.

- La lluvia de meteoros de las Perseidas es la más brillante del año y dura casi todo julio y agosto. El mejor momento para observarla es la segunda semana de agosto, cuando se pueden ver hasta 100 meteoritos surcando el cielo cada hora. Las Perseidas parecen proceder de la constelación de Perseo, pero en realidad son la nube de un cometa llamado Swift-Tuttle.

- Las Leónidas parten de la constelación de Leo cada noviembre y se ven mejor a mediados de mes. Incluso entonces, es probable que sólo veas un meteorito cada cinco minutos.

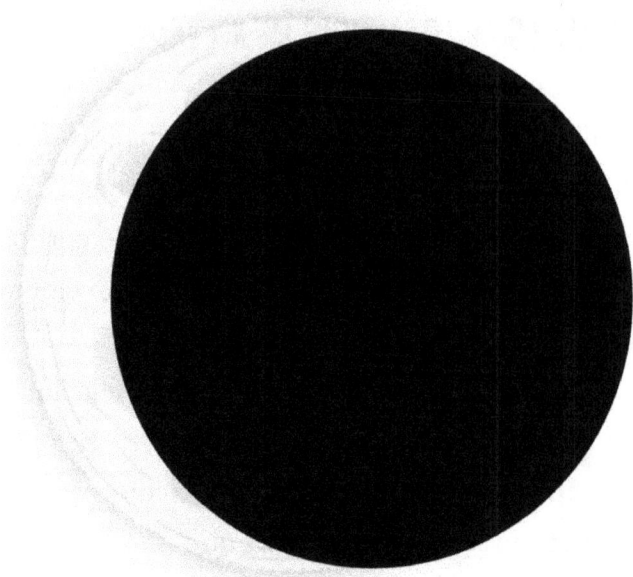

ECLIPSE TOTAL DE LUNA

La Luna es el objeto más brillante del cielo nocturno, por lo que es bastante difícil no verla. ¿Te has fijado alguna vez en que la Luna cambia de forma? A veces incluso desaparece por completo. Esto ocurre cuando la Tierra queda entre medio del Sol y la Luna, y la luz del Sol queda bloqueada. Sólo ocurre durante la luna llena y, por lo general, sólo dos veces al año. Sin embargo, no podrás ver todos los eclipses lunares porque sólo son visibles desde determinados lugares del planeta.

Hay dos tipos de eclipses lunares. Un eclipse lunar total se produce cuando la Luna desaparece por completo durante unos minutos. Esto significa que la Tierra ha bloqueado por completo la luz del Sol. Un eclipse lunar parcial ocurre cuando la Tierra no está completamente entre el sol y la luna. Cuando esto ocurre, verás pasar la sombra sobre la cara de la luna como si alguien le estuviera dándole un mordisco.

CAPÍTULO 9
¿SABÍAS LO INCREÍBLE QUE ES LA LUNA?

Como la Luna siempre está ahí, es fácil darla por sentada, pero en realidad es muy especial. La Luna es el único cuerpo natural que orbita alrededor de la Tierra, ¡y lleva ahí 4.600 millones de años! Es decir, mil millones de años antes de que aparecieran los primeros seres vivos en la Tierra.

¿DE DÓNDE PROVIENE LA LUNA?

A los científicos les resulta muy difícil saber exactamente de dónde vino la Luna porque nadie la vio aparecer por primera vez. Lo más probable es que esté hecha de trozos de la Tierra. Hace miles de millones de años, la Tierra fue probablemente golpeada por un gran objeto del tamaño de un planeta más pequeño. Esto hizo que la Tierra se quebrara y salieran pedazos volando hacia el espacio. El otro planeta también se habría roto por completo (como si se desmenuzara una galleta), y estos trozos de polvo habrían quedado flotando en el espacio.

Como la Tierra tiene una gran fuerza de gravedad, empezó a juntar estas migajas y rocas, y acabó formando la Luna. Esta teoría explica por qué en la Luna hay rocas, metales y gases exactamente iguales a los de la Tierra.

¿RATONES LUNARES? ¡LUNA-MAR ABSOLUTA!

Como podemos ver que la superficie de la Luna está llena de protuberancias y parches, ¡la gente solía bromear diciendo que estaba hecha de queso! ¿Has visto alguna vez una loncha de queso suizo? Es grumosa, está llena de agujeros y tiene el mismo aspecto que la Luna, pero de color amarillo. Por desgracia, la Luna está hecha de roca, que no es tan sabrosa. También tiene características como la Tierra, con montañas y mares, y los científicos incluso les han dado nombres. El más famoso es el Mar de la Tranquilidad, donde aterrizaron los astronautas Neil Armstrong y Buzz Aldrin cuando visitaron la Luna en 1969.

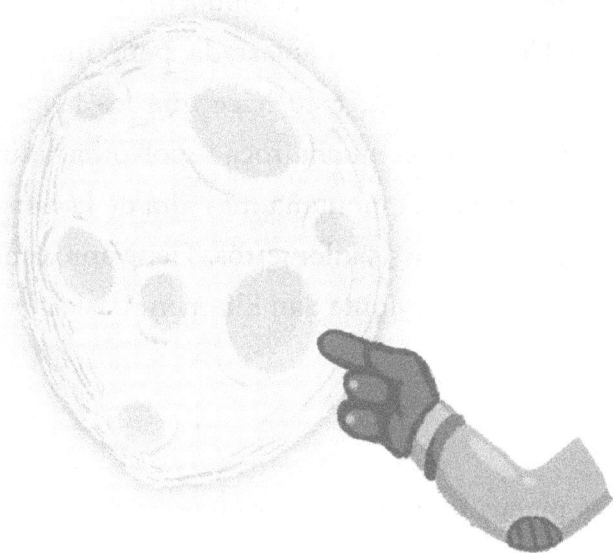

CRÁTERES

Los baches y agujeros que se ven en la Luna se llaman cráteres. Son como grandes cuencos y representan más del 80% de la superficie lunar. ¿Alguna vez has tirado piedras en un cajón de arena o en la arena de la playa? Esas piedras dejan pequeños cráteres y surcos en la arena cuando chocan contra ella. Los cráteres de la Luna se formaron al chocar contra ella meteoritos y otros desechos espaciales.

MONTAÑAS

Entre los cráteres de la Luna hay montañas muy altas. También se formaron por el impacto de rocas contra la Luna. Cuando un meteorito choca contra la Luna, empuja la roca y el polvo fuera del camino. Una parte queda aplastada, pero otra es empujada hacia los lados del cráter. Esto hace que los lados sean más amplios, y si se empuja mucha roca y polvo hacia un lado, se forma una montaña. La montaña más alta de la Luna se llama Monte Huygens y mide 5,5 kilómetros. Tiene aproximadamente la misma altura que el Monte San Elías, en Alaska.

MARES

Las partes planas y oscuras de la Luna se denominan mares. Los primeros astrónomos que observaron la Luna con un telescopio pensaron que estos mares parecían estar compuestos por agua. Sin embargo, esto resultó ser un error porque no hay agua en la Luna.

Los mares lunares son planos porque antes estaban cubiertos de lava. Probablemente, ésta se formó en el centro de la Luna cuando todo el polvo y los trozos de Tierra fueron empujados unos contra otros. Ahora ya no hay lava. Se ha enfriado y se ha convertido en un tipo de roca llamada basalto. Algunos robots han visitado la Luna y han traído a la Tierra algunas de estas rocas basálticas para que los científicos las investiguen. Los científicos están muy entusiasmados con las rocas lunares y han recogido unos 400 kg de muestras. ¡Eso es aproximadamente lo que pesa un cocodrilo americano!

FASES Y ÓRBITAS LUNARES

La Luna orbita alrededor de la Tierra igual que todos los planetas orbitan alrededor del Sol. La Luna tarda aproximadamente 28 días en dar la vuelta completa a la Tierra y volver al punto de partida. La Luna también gira sobre su eje. Tarda unos 28 días en dar una vuelta completa. Como la Luna tarda el mismo tiempo en girar que en dar la vuelta a la Tierra, siempre tiene la misma cara hacia el planeta. Por eso, independientemente de la posición de la Luna en el cielo, el dibujo de su superficie es siempre el mismo.

Durante su ciclo de 28 días, la luna cambia de forma. Esto sucede porque la luz del sol incide en diferentes partes de la luna. A veces, la luz incide en el lado de la luna que no podemos ver desde la Tierra, y esto hace que la luna parezca oscura. Prueba iluminar una naranja con una linterna, moviendo lentamente la luz en círculo alrededor de la fruta.

La luna tiene cinco fases diferentes en su ciclo:

- Luna llena: Es cuando la luna parece completamente redonda y podemos ver todos los lados del círculo.
- Luna Gibosa: La luna se ve aplastada por un lado al cubrirse de sombras.
- Cuarto de Luna: Sólo se ve la mitad de la luna. El resto está oscuro. ¿Por qué se llama cuarto de luna y no media luna? Porque el otro lado de la luna -el que da la espalda a la Tierra- también está oscuro. Esto significa que la luna tiene un cuarto a la luz y tres cuartos a la sombra.
- Luna Creciente: Es la forma de luna que vemos a menudo en las fotos, en las que parece una sonrisa de lado.
- Luna nueva: Esta es la porción más delgada de la luna, y a menudo es tan oscura que no podemos verla usando sólo nuestros ojos. Sólo dura uno o dos días, por lo que la luna no se va por mucho tiempo.

La luna tarda dos semanas en pasar de luna llena a luna nueva. Cuando el área de la luna que refleja la luz del sol se hace más pequeña, decimos que la luna está menguando. La luna tarda otras dos semanas en pasar de luna nueva a luna llena. Durante este tiempo, las sombras que cubren la luna se hacen más pequeñas, y el lado más claro se hace más grande. A esto lo llamamos luna creciente.

VISITANTES DE LA LUNA

Como la Luna es el cuerpo espacial más cercano a la Tierra, para los científicos es el más fácil de visitar. Algunos cohetes han llevado astronautas, otros robots y otros simplemente han volado cerca y han tomado fotos.

En los años 50, tanto Estados Unidos como Rusia querían ser los primeros en llegar a la Luna. Ambos países construyeron muchos cohetes y crearon nuevos diseños con los que esperaban poder realizar el largo viaje. Esta época de la historia se conoce como la Carrera Espacial.

Rusia fabricó la primera nave espacial que tomó una fotografía de la cara oculta de la Luna. También realizaron el primer alunizaje. Sin embargo, ninguna de estas naves llevaba personas en su interior. Estaban controladas por pilotos en la Tierra.

Estados Unidos fue el primer país en enviar astronautas a la Luna. La primera nave espacial voló alrededor de la Luna. Se llamaba Apolo 8. Siete meses más tarde, una nave espacial llamada Apolo 11 aterrizó con éxito en la Luna, y dos astronautas, Neil Armstrong y Buzz Aldrin bajaron y caminaron por los alrededores.

Durante los años siguientes, ambos países enviaron robots a la Luna. Estos robots tomaron fotografías y vídeos y recogieron muestras de rocas. El robot más reciente en la Luna fue puesto allí por el programa espacial chino en 2019.

CONCLUSIÓN

¡Buen trabajo! Has descubierto muchos secretos de las estrellas y estás listo para impresionar a tus amigos con tu conocimiento de las constelaciones. Desde la gigante Virgo hasta la mucho más pequeña Corona Boreal, conoces todos los trucos y consejos para encontrarlas, así como algunos datos sorprendentes que te harán parecer un astrónomo profesional.

En este libro hemos mencionado 24 constelaciones. ¿Has conseguido verlas todas? Seguro que te has divertido mucho aprendiendo sobre las maravillosas imágenes que las antiguas civilizaciones veían en las estrellas, pero tus aventuras en el espacio no tienen por qué acabar aquí. Existen 88 constelaciones en total, y ahora que sabes cómo navegar por los cielos nocturnos, estás listo para encontrar el resto. Puedes utilizar una aplicación genial como Stellarium para ver todas las constelaciones del cielo a tu alrededor.

Mientras observas las estrellas, no olvides que también hay muchos otros cuerpos celestes por descubrir. Observa las diferentes fases de la luna, algunos planetas que simulan ser estrellas, ¡e incluso una mágica lluvia de meteoritos! Hay tantas cosas por explorar en el espacio que ni siquiera los científicos saben exactamente lo que hay ahí fuera. ¿Quién sabe lo que ellos (¡o tú!) descubrirán en el futuro? ¡Te deseamos una feliz observación de las estrellas!

GLOSARIO

Algunas de las palabras utilizadas en este libro podrían ser nuevas para ti. Aquí podrás descubrir su significado.

Asterismo: Patrón formado en el cielo nocturno por la agrupación de estrellas. Es más pequeño que una constelación.

Astrónomo: Tipo de científico que estudia los objetos del espacio.

Eje: línea imaginaria que pasa por el centro de algo y alrededor de la cual gira un objeto.

Constelación: Grupo de estrellas que forman un patrón. Existen 88 constelaciones oficiales.

Grado: Unidad utilizada para medir el tamaño de un ángulo.

Ecuador: Línea imaginaria que rodea el centro de la Tierra.

Galaxia: Conjunto de estrellas agrupadas por la fuerza de la gravedad.

Gravedad: Fuerza procedente del interior de un objeto grande que atrae hacia sí objetos más pequeños.

Hemisferio: Mitad de la Tierra. El ecuador divide la Tierra en hemisferio norte y hemisferio sur.

Planeta: Gran objeto espacial que orbita alrededor de una estrella.

Meteoro: pequeña roca espacial que entra en la atmósfera terrestre y se quema, creando una estela brillante.

Nebulosa: Nube de polvo o gas en el espacio.

Órbita: Trayectoria de un objeto que se desplaza en círculo u óvalo alrededor de otro objeto mayor.

Estrella: Bola de gas que emite luz propia. El Sol es nuestra estrella más cercana.

¡TU OPINIÓN ES MUY VALIOSA!

¿Sabes qué es aún más "genial" que el planeta Neptuno?

¿Qué podría ser?

Cuando recibimos comentarios de lectores increíbles como tú. Nos encantaría que consideraras dejar una reseña honesta de este libro en Amazon o Audible.

Bien, ¡es bueno saber que podemos ayudar!

Gracias y ¡feliz observación de las estrellas!

Como equipo editorial independiente que flota por el espacio, significaría el UNIVERSO para nosotros, recibir tus comentarios. Nos ayudará a crear mejores libros para ti ¡y a instruir aún más a otros viajeros espaciales!

Aniela Publications

www.ingramcontent.com/pod-product-compliance
Lightning Source LLC
Chambersburg PA
CBHW071711210326
41597CB00017B/2441